Evgeny Shnyukov

Vulcões de lama do Mar Negro como critério de pesquisa de hidratos de gás

Evgeny Shnyukov

Vulcões de lama do Mar Negro como critério de pesquisa de hidratos de gás

ScienciaScripts

Cover image: www.ingimage.com

This book is a translation from the original published under ISBN 978-613-4-91313-3.

Publisher:
Sciencia Scripts
is a trademark of
Dodo Books Indian Ocean Ltd. and OmniScriptum S.R.L publishing group

120 High Road, East Finchley, London, N2 9ED, United Kingdom
Str. Armeneasca 28/1, office 1, Chisinau MD-2012, Republic of Moldova, Europe
Printed at: see last page
ISBN: 978-620-8-09772-1

ÍNDICE DE CONTEÚDOS

Introdução

A humanidade encontra-se no limiar do desenvolvimento de um novo e praticamente inesgotável tipo de matéria-prima energética - os hidratos de metano. ^{183193}Atualmente, já foram estabelecidas escalas grandiosas de distribuição de hidratos de gás metano no subsolo, estimadas em valores de IO m a IO m . Os recursos de metano nos hidratos de gás são quase duas ordens de grandeza superiores aos recursos de metano convencionais. No entanto, o desenvolvimento do metano nos hidratos de gás é uma tarefa complexa e difícil. Os países com recursos limitados de hidrocarbonetos - Japão, China, Índia, EUA, Coreia do Sul, etc. - estão a liderar este trabalho. Nos últimos anos, os países da UE começaram a interessar-se por este assunto. Muitos destes países criaram os seus programas nacionais para o desenvolvimento de hidratos de gás metano e afectaram fundos significativos para este fim. Esperava-se que o Japão iniciasse a produção de hidratos de gás metano em 2007. Estas datas foram adiadas para 2O17 e depois para 2O25. Inesperadamente, em maio de 2O17, a China anunciou a extração bem sucedida de metano de hidratos de gás, ganhando assim a liderança no estudo e desenvolvimento de hidratos de gás metano. Gostaria de sublinhar que o desenvolvimento de hidratos de gás é uma tarefa tecnicamente difícil. Mas antes de começarmos a desenvolver hidratos de gás, ainda é necessário encontrá-los. É geralmente aceite na literatura que 98% dos hidratos de gás natural estão localizados no Oceano Mundial. Existem dados na literatura que indicam que cerca de 1O% da área do Oceano Mundial contém hidratos.

O estudo geológico e geofísico dos hidratos de gás metano é bastante dispendioso e complicado. A este respeito, são importantes os critérios de prospeção que permitem limitar as áreas de trabalho. Na maior parte das vezes, estas estão confinadas ao talude continental, às zonas de falha e aos cones de escoamento dos rios. Na nossa opinião, um local importante de ocorrência de hidratos de gás são os vulcões de lama.

As acumulações de hidratos de gás formam-se diretamente nos sedimentos, em condições termodinamicamente favoráveis à sua ocorrência (temperatura, pressão). Tais condições existem em diferentes áreas do Oceano Mundial, na plataforma, na margem continental, em zonas de águas profundas. A tarefa de as procurar é a tarefa mais importante da geologia marinha atual. A este respeito, o estudo dos vulcões de lama é uma das formas de estudar os hidratos de gás. No Mar Negro, foram encontrados hidratos de gás metano em 60% dos vulcões de lama localizados na zona termodinamicamente favorável à formação de hidratos - a uma profundidade superior a 600 m. É muito provável que se tenham desenvolvido em hidratos de gás metano. É muito provável que se tenham desenvolvido em vulcões de lama de profundidade em todo o lado e a sua deteção é uma questão de tempo.

As principais disposições do trabalho baseiam-se nos resultados dos estudos geológicos da bacia do Mar Negro-Azov e, em particular, dos vulcões de lama, efectuados durante 1970-2015. A investigação baseou-se nos resultados dos estudos dos vulcões de lama na zona de Kerch-Taman em 19601985 (E.F.Shnyukov, P.I.Naumenko, Y.S.Lebedev et al., 1971; E.F.Shnyukov et al., 1986, 2005) e nos resultados das expedições marítimas ao Mar Negro. O trabalho foi efectuado nos navios de investigação "Mikhail Lomonosov", "Akademik Vernadsky", "Ichtiander", "Kiev", "Vladimir Parshin", "Geochemist" no período de 1986 a 2013. Foram efectuadas dezenas de viagens, foram recolhidas amostras de materiais de muitas centenas de tubos de gravidade e dragas e estudados através de métodos de litologia e mineralogia. Foram estudados a topografia do fundo, o relevo dos vulcões de lama, a natureza das suas emissões e a composição dos gases. Dezenas de novos vulcões de lama foram descobertos e estudados. Em geral, o volume da investigação efectuada é muito significativo.

Vulcões de lama do Mar Negro

As representações dos vulcões de lama mudaram juntamente com a expansão dos dados sobre a sua estrutura.

As primeiras definições literárias reflectiam apenas as suas caraterísticas morfológicas. Assim, o "Dicionário Geológico" (M., 1973) dá a seguinte definição

"*O vulcão de lama* é uma grande colina de pele plana, composta inteiramente ou apenas à superfície por depósitos de soprano e possuindo uma cratera em forma de funil no topo e um canal que se dirige para a profundidade, de onde são emitidos periódica ou continuamente gás, água e por vezes lama de soprano. Registam-se mudanças violentas episódicas".

Esta definição parece-nos justa, mas não completa, não reflectindo a natureza do vulcanismo.

A formulação de I.M.Gubkin (1937) é mais profunda: "As manifestações de gasóleo e o vulcanismo de lama são uma função das mesmas causas, nomeadamente, funções da estrutura geológica, em particular, formas especiais de tectónica - estruturas diapíricas". V.G.Bondarchuk (1959) expressou esta ideia de forma mais sucinta: "O vulcanismo de lama é uma das manifestações da tectónica de tipo principalmente diapírico".

S.F.Fedorov (1939) considerou a presença de estruturas diapíricas como uma condição obrigatória, ou mesmo uma lei para a formação de vulcões de lama na região da Crimeia-Cáucaso. P.P.Avdusin (1948) apoiou efetivamente as definições de I.M.Gubkin.

M.K.Kalinko (1964) registou a existência de uma ligação entre os vulcões de lama e os diapiros e criptodiapiros, mas reconheceu-a como privada. Na sua opinião, os vulcões surgem sob a influência de condições hidrodinâmicas caraterísticas de certas zonas tectónicas. Ao mesmo tempo, já na década de 30 do século passado, foram registados no Azerbaijão vulcões de lama confinados a grandes perturbações (A.A.Yakubov, B.V.Grigoryants, Ad.A.Aliyev et al. 1980).

Os vulcões de lama do Mar Negro são estruturas profundas diversificadas. Os materiais sísmicos significativos obtidos nos últimos anos durante a exploração de petróleo e gás permitem-nos fixar as raízes destas morfo-estruturas no Mesozoico, no subsolo e mesmo no manto superior, abaixo da superfície Moho.

À luz dos novos materiais sísmicos nos mares Negro e Cáspio, D.F.Ismagilov et al. (2006) sobre a colocação profunda de vulcões de lama: "como é que os diápiros Maikop de argila podem influenciar a ocorrência de vulcões de lama com raízes em sedimentos mesozóicos? Estes autores referem que: "Os vulcões de lama são fenómenos geológicos mais complexos do que se pensa, não relacionados com a formação de diapirismo de argila."

Na nossa opinião, uma parte significativa dos vulcões de lama do Mar Negro continua a estar relacionada com os diapiros de argila, mas esta relação é oposta à geralmente aceite. A chave para compreender esta importante relação é apontada por L.B.Meisner e D.A.Tugolesov no seu artigo sobre as deformações por fluidização na cobertura sedimentar do Mar Negro (1997). Os fluidos profundos, penetrando através da cobertura sedimentar, parecem facilitar o processo de dobragem. Por outras palavras, não são os diapiros que dão origem aos vulcões de lama, mas, pelo contrário, os fluxos de fluidos profundos que dão origem aos vulcões de lama criam condições favoráveis para os diapiros. Por vezes, o traço dos fluxos de fluidos profundos é um corpo geológico subvertical, outras vezes penetram à superfície através de grandes descontinuidades na continuidade da cobertura sedimentar e criam vulcões de lama.

A participação óbvia de processos profundos na formação de vulcões de lama levanta a questão da necessidade de clarificar a definição deste fenómeno. Provavelmente mais bem sucedida é a definição de S.A.Kovalevsky (1935): "o vulcanismo de lama é apenas uma forma particular de manifestação na superfície diurna de jactos de gás que fluem das profundezas da crosta terrestre".

De uma forma um pouco mais moderna, esta definição soará aproximadamente da seguinte forma: o vulcanismo de lama é uma forma de manifestação na superfície da terra de fluxos locais de gás de hidrocarbonetos profundos, acompanhados por ejecções de brecha sopochnaya, detritos, água e formando uma forma peculiar de relevo - colinas em forma de cone com crateras no topo. Por vezes são lagos de forma arredondada.

Em condições marinhas, os vulcões de lama só podem ser observados quando criam formas de relevo subaquáticas positivas.

Os modernos levantamentos acústicos marinhos fornecem imagens dos vulcões de lama submarinos que não são menos visuais do que as fotografias de superfície. Nos perfis sísmicos, todos os vulcões têm uma imagem caraterística e são bem distinguidos na topografia do fundo do mar.

Em secção, um edifício vulcânico de lama tem geralmente a forma de um cone suave, frequentemente truncado. O cone é composto por brechas sopochnaya, cujos fluxos podem ter várias gerações. Em planta, as estruturas descritas são mais ou menos isométricas, de forma arredondada. As dimensões transversais dos vulcões de lama (diâmetro da sua base) variam muito, desde as primeiras centenas de metros até vários quilómetros. Assim, na parte central do Mar Negro, a dimensão transversal dos vulcões de lama atinge 1,5-2,5 quilómetros e mesmo 4 quilómetros. A altura dos vulcões de lama é relativamente pequena em comparação com o seu diâmetro: mesmo o maior deles raramente ultrapassa os 100 metros. Por isso, a inclinação das encostas dos vulcões de lama, em regra, não ultrapassa os primeiros graus. Esta relação entre o diâmetro e a altura explica-se pela baixa densidade da brecha de seiva, que pode espalhar-se por uma distância de vários quilómetros.

Os vulcões de lama encontram-se em muitas das principais estruturas geológicas do Mar Negro. São abundantes na calha de Sorokina, na calha ocidental do Mar Negro, na calha de Kerch-Taman e noutras. Têm geralmente uma cratera bem desenhada, com uma secção transversal de várias dezenas a centenas de metros. Para além da cratera principal, é frequente encontrar nas encostas dos vulcões de lama pequenos afloramentos secundários de componentes líquidos e gasosos, designados por salsas e grifos.

Os vulcões de lama devem ser distinguidos das chamas de gás, que são abundantes no fundo do mar em algumas regiões. Os vulcões de lama são morfo-cstruturas particulares de sedimentos do fundo do mar, tendo frequentemente formas geomorfológicas positivas distintas no fundo do mar. As chamas de gás são libertações menos significativas de gases, geralmente confinadas a descontinuidades rochosas e não formando formas positivas no fundo do mar.

Os gases dos vulcões de lama do Mar Negro são 95-99% metano. Estão também presentes o etano, o propano, o butano, o pentano e o hexano. $_2$São frequentemente registadas impurezas de sulfureto de hidrogénio, CO , azoto. As descobertas de sulfureto de hidrogénio em vulcões de lama são de interesse. Assim, no vulcão Mitina, durante as nossas expedições, Y.N.Goryachkin revelou uma anomalia na distribuição das concentrações de sulfureto de hidrogénio, em particular, o aumento absoluto do teor de sulfureto de hidrogénio; anomalias de salinidade e aumento peculiar das isosuperfícies de transferência de calor em forma de cúpula. Nas colunas geológicas dos vulcões Neftyanoy, Volokhina, Irkutskiy, Platformenny, Udodova, Trakia e outros foi registado um cheiro forte de sulfureto de hidrogénio. Os sedimentos vulcânicos contêm frequentemente espessas camadas intermédias enriquecidas com hidrotroilite. Tudo isto nos permite supor a participação de explosões de vulcões de lama na formação da contaminação do Mar Negro com sulfureto de hidrogénio.

A atividade dos vulcões de lama é acompanhada por explosões de enormes massas de metano. Assim, foram encontrados vários vulcões de lama na depressão de Sorokin, com fontes de gás em que a altura era de 800-1300 m (Dvurechensky, Vodyanitsky, Kazakov, Helgoland, etc.). A fonte do vulcão Dvurechensky tinha um diâmetro de 400 m (E.F. Shnyukov et al., 2013) (Figs. 1, 2). Dada a raridade das observações de vulcões no mar, é necessário comparar os vulcões de lama marinhos com os vulcões terrestres para compreender plenamente os fenómenos. ^{3123}No Azerbaijão, por exemplo, segundo R.R. Rakhmanov (1987), são emitidos em média 250 milhões de m de metano por erupção vulcânica, e para todo o período quaternário - 125×10 M !

Fig. 1. Imagem tridimensional das emissões de gases na área do vulcão de lama Dvurechensky (por Yu.G. Artemov, com a participação do Dr. Enns Greinert (Geomar, Alemanha). Os dados das medições de fundo foram obtidos durante o cruzeiro M 52/1 do R/V Meteor, o ecograma das fontes - durante o 57º cruzeiro do R/V Meteor

"Professor Vodyanitsky" (2002).

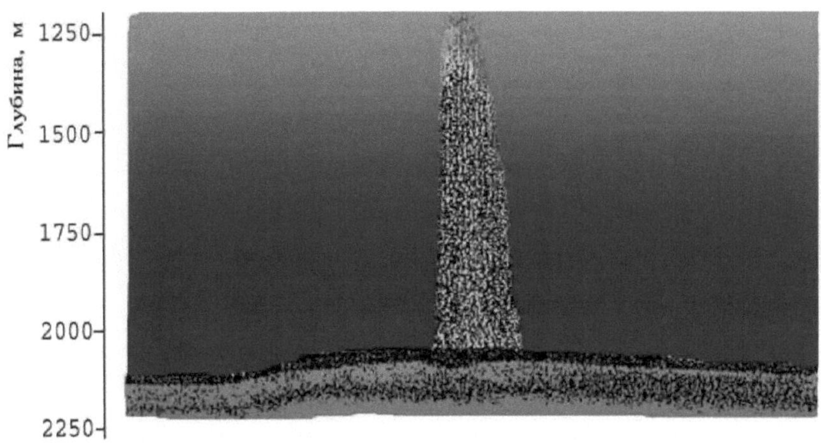

Fig. 2. Ecograma de uma fonte de gás com uma altura de cerca de 800 m (acima do fundo do mar) no vulcão de lama Dvurechensky (2003). Materiais do 59º cruzeiro do R/V "Professor Vodyanitsky".

A escala global **deste** processo foi avaliada em pormenor por Ad.A.Aliyev et al. (2015), especialmente com base no exemplo do Azerbaijão.

663A.M. Plotnikov (1967) observa que as emissões de gás de ato único dos vulcões de Kerch Dzhau-Tepe e Dzhardzhava **foram de** 88×10 e 6,2×10 m por erupção, respetivamente, etc. (Figs. 3, 4, 5). (Figs. 3, 4, 5).

Figura 3. Eclosão explosiva do vulcão de lama Dzhau-Tepe (E.Steber, 1909).

Fig. 4. A erupção de 1982 do vulcão de lama Dzhardzhava (fotografia do artista V.I.Kantemirov).

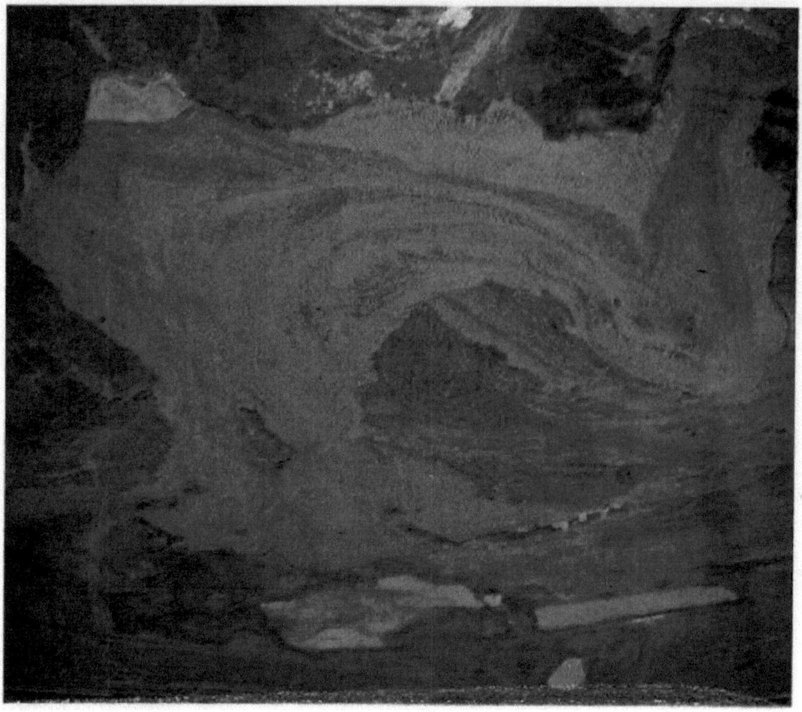

Figura 5. Fluxo de lama da erupção do vulcão Jardzhava, 1982.

A escala das emissões de gases dos vulcões do Mar Negro ainda não foi avaliada, mas é certamente proporcional à dos seus congéneres terrestres. Os vulcões de lama não se limitam a lançar grandes volumes de gases para a superfície: ejectam enormes massas de brechas de seiva e material clástico das rochas em erupção. [3]Segundo G.A.Lychagin (1952), os vulcões de lama de Kerch ejectaram pelo menos 25 mil milhões de metros de seiva brecha durante a sua atividade geológica.

[3]P.I. Naumenko (1976) aumenta este valor para 40 mil milhões de m, tendo em conta os materiais dos trabalhos de perfuração a longo prazo nos vulcões de Kerch.

[3]Só o vulcão de lama Dzhau-Tepe entrou em erupção - 55 milhões de metros de brecha, etc.

Os exemplos deste tipo podem ser continuados, mas provavelmente já é claro que o volume das massas ejectadas é enorme.

H. A.Golovkinskii (1889), S.E.Alyaev (1947), Z.L.Maimin (1951), G.A.Lychagin (1952), E.F.Shnyukov e outros. (1971) chegaram à conclusão de que, como resultado de todos estes processos, nos topos das estruturas anticlinais afectadas pelo vulcanismo de lama, aparecem áreas enfraquecidas - uma espécie de défice de massa, onde a pressão hidrostática é distribuída de forma desigual. A brecha de seiva ejectada pressiona a zona enfraquecida, o que leva a um grande afundamento. O exemplo do vulcão de lama Lokbatan (Gavrilov, 1939) é bastante ilustrativo a este respeito. A emissão de gás, que continuou aqui durante vários anos, aparentemente causou a compactação da brecha sopochnaya e conduziu, em 1933 e 1935, à formação de uma série de enormes sumidouros e falhas de subsidência, cada uma delas sobrepondo-se às anteriores. O último sumidouro era de grandes dimensões.

Foram descritos fenómenos semelhantes após as erupções do vulcão de lama Dzhau Tepe em 1909 e 1914. Nas condições de uma erupção submarina, a acumulação de sedimentos numa cavidade ou num sumidouro aumentaria o processo de subsidência, resultando num crescimento contínuo das deflexões e num aumento do volume de sedimentos nelas acumulados. A subsidência acompanha todas as erupções vulcânicas lodosas sem exceção. De facto, a subsidência da superfície terrestre como resultado da remoção de matéria do interior não é uma propriedade exclusiva dos vulcões de lama. O mesmo se passa com os vulcões propriamente ditos. No final do século XIX, o vulcanólogo austríaco Reyer chegou à conclusão de que as erupções e a remoção de lava para a superfície ocorrem devido ao abaixamento da crosta terrestre (Kovalevsky, 1935). Os colapsos de vulcões após erupções são amplamente conhecidos e descritos em muitos trabalhos geológicos.

De acordo com K.A. Prokopov (1931), após a formação, uma dobra anticlinal torna-se uma arena de intenso vulcanismo de lama e, em certas áreas, começa a ceder como resultado da ejeção de massas significativas de lama para a superfície. A dobra desenvolve-se de forma muito lenta e suave, o que determina a flexão plástica dos estratos subjacentes e a sua estrutura em forma de taça. K.A.Prokopov (1931) apresenta as fases de desenvolvimento das sinclinais compensatórias sob a forma de uma série de esquemas (Fig. 6). A estrutura inicial é representada como um estrato de massa argilosa plástica tipo brecha, com a formação de crateras de bacia e o arrastamento de sedimentos mais jovens subsequentes para as mesmas. As depressões, compostas por rochas mais fortes, subsequentemente "resistiram às forças de dobragem e deformaram-se de uma forma muito complexa, não obstante o padrão geral da tectónica da área".

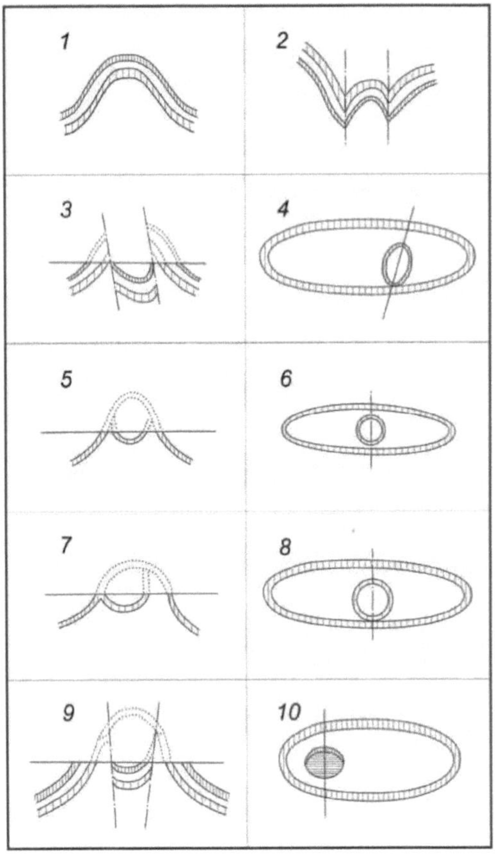

Fig. 6. Fase de desenvolvimento das sinclinais compensatórias.

Por K.A.Prokopov (1931)

G.A.Lychagin (1952) formulou claramente a tese sobre a origem dos sinclinais da depressão de Kerch devido à atividade de vulcões de lama em determinadas condições paleogeográficas.

Quase todos os autores modernos sublinham a origem lama-vulcânica dos canais de compensação, a localização sinclinal do complexo de sedimentos terciários e da brecha sopochnaya que os compõe. Neste contexto, estas estruturas devem ser designadas por "sinclinais de compensação" de origem lama-vulcânica. Esta designação reflectiria as caraterísticas estruturais e genéticas de todas as estruturas deste tipo em diferentes áreas. O termo "sinclinal deprimido", amplamente utilizado e aplicado por muitos investigadores da Península de Kerch, não é bem sucedido. Não reflecte as particularidades da sua génese. Do mesmo modo, a definição destas estruturas como complicações não é bem sucedida. No entanto, o termo "sinclinais deprimidas" é utilizado há muitos anos e tornou-se familiar a um vasto leque de geólogos. Neste contexto, parece-nos que se pode admitir a sua utilização como termo local, de Kerch, utilizando a definição "sinclinal compensatório" como mais universal e precisa na caraterização geral de estruturas deste tipo provenientes de diferentes regiões.

A formação de sinclinais de compensação ocorre apenas em determinadas estruturas que foram previamente preparadas tectonicamente.

O afluxo de fluidos profundos faz com que o núcleo do anticlinal fique saturado com uma grande quantidade de gases de alta pressão.

A remoção de fluidos associada à atividade vulcânica da lama ou a perturbações tectónicas leva à retração do núcleo, acompanhada de uma redução significativa do seu volume. Isto resulta na formação de grabens abobadados e estruturas semelhantes.

O fator decisivo na formação de sinclinais compensatórios é o vulcanismo de lama.

Num determinado momento do desenvolvimento da estrutura no arco (Fig. 6, *1)* ou na sua parte enfraquecida devido à atividade de vulcanismo de lama, certas partes do anticlinal cedem, formando uma depressão em forma de taça (Fig. 6, 2). Uma maior deflexão leva à formação de um graben em anel (Fig. 6, 3). As variantes de desenvolvimento dos sinclinais compensatórios são diferentes. São consideradas por K.A.Prokopov no exemplo da Península de Kerch (Fig. 6, *5-10}*. Assim, a estrutura real que se encontra simetricamente no centro do anticlinal, no eixo deste último, corresponde a (Fig. 6, 5, 6); o caldeirão de Burulkay e outras estruturas semelhantes, onde uma das asas do anticlinal está ligada à vala por uma dobra de flexão, são caracterizadas pelas caraterísticas gerais observadas nas Figs. 6, 7, 8. Finalmente, uma certa assimetria da falha anular em relação à flexão explica o aparecimento de meias-luas das depressões de Kayala-Sarta, Kara-Sidzheut, Kashik e outras (Figs. 6, 9, 10).

Na nossa opinião, o esquema de K.A. Prokopov sobre o desenvolvimento dos sinclinais deprimidos em geral reflecte corretamente as principais fases da evolução destas estruturas. O extenso material factual permite-nos detalhá-lo um pouco. A conclusão da formação da estrutura anticlinal e a manifestação do vulcanismo de lama criam os pré-requisitos iniciais para o surgimento de um afundamento compensatório. A atividade do vulcão de lama forma inevitavelmente uma depressão em quaisquer condições paleogeográficas, em ambiente marinho e subaéreo, e leva à dobragem dos estratos rochosos que compõem a parte da abóbada do anticlinal. G.A.Lychagin (1952) expressou, no entanto, a opinião de que as depressões não podem ocorrer em condições subaéreas. Os materiais actuais mostram que, mesmo em condições terrestres, podem ocorrer depressões pronunciadas em maior ou menor grau.

O desenvolvimento posterior do afundamento é determinado por muitas circunstâncias. Na bacia marítima, durante as erupções submarinas, a brecha de sapland erupcionada pelo vulcão de lama, juntamente com os sedimentos marinhos normais acumulados, cria uma forte pressão, que acelera adicionalmente a subsidência e o afundamento das áreas de estruturas anticlinais que se encontram sobre os centros vulcânicos de lama. Em terra, a brecha eruptiva é desgastada, em grande parte erodida e dispersa, e a sedimentação não ocorre de facto. Por conseguinte, no ambiente subaéreo, o processo de formação de deflexões compensatórias é mais lento e a sua escala e amplitude são reduzidas. Este processo ainda tem frequentemente escalas bastante significativas (Bacia de Bulganak). É possível assumir este tipo de formação com subsequente soterramento para algumas depressões do Sudoeste do Turquemenistão, Azerbaijão.

Se o regime marinho persistir, o desenvolvimento do sinclinal de compensação continua: à medida que os sedimentos e as brechas se acumulam, os estratos da abóbada anticlinal afundam-se e a sua continuidade é quebrada. Como a forma de afundamento é, na maioria das vezes, um funil compensatório arredondado, a forma de perturbação é, em maior ou menor grau, uma descarga anular pronunciada formada por um sistema de perturbações mais pequenas. Aparece um peculiar graben arredondado cheio de sedimentos e brechas. Em alguns locais, o vulcão de lama entra em erupção diretamente no sinclinal de compensação, por vezes ao longo das perturbações que enquadram o sinclinal de compensação, e muitas vezes o centro do vulcão é deslocado para longe do sinclinal de compensação. Na secção da grande maioria dos sinclinais de compensação, estabelecem-se depósitos sopóicos, o que indica a predominância das duas primeiras relações de vulcões de lama e sinclinais de compensação. Após o recuo do mar, as depressões foram depositadas por processos de meteorização, formando formas de relevo positivas - colinas, falésias baixas, etc. A diferente composição litológica das rochas que compõem as depressões e as suas estruturas intervenientes teve um efeito: os calcários densos dolomitizados ocupam um lugar significativo na composição das primeiras, enquanto as estruturas intervenientes são compostas quase exclusivamente por argilas Maikop. Aliás, as depressões, onde predominam as argilas na secção, não são expressas no relevo.

De facto, o desenvolvimento dos sinclinais deprimidos foi incomensuravelmente mais complicado, porque muitos deles são um "bolo de camadas" extremamente complexo de várias rochas sedimentares e brechas safenas. Na periferia das estruturas, desenvolveram-se calcários de recife, com posterior eversão de afundamento para o centro, etc. Em condições terrestres, a continuação da atividade do vulcanismo de lama leva a uma subsidência e nivelamento contínuos do terreno. Por fim, com o desenvolvimento da situação paleogeográfica no sentido do aprofundamento do mar e da cessação da atividade vulcânica lamacenta, ocorre o soterramento das estruturas (sinclinal compensatório Anastasievsko-Troitskaya da Península de Taman). Nas condições da Península de Kerch, a maior parte dos sinclinais deprimidos pararam o seu desenvolvimento na terceira fase, porque o ambiente marinho foi excluído; quando o ambiente marinho foi preservado, os sinclinais deprimidos foram enterrados ou continuaram a desenvolver-se.

Nas condições das profundezas do Mar Negro, os hidratos de gás metano podem acumular-se nas estruturas de compensação dos vulcões de lama.

Vulcões de lama em condições de mar pouco profundo

A atividade dos vulcões de lama em condições de mar pouco profundo não difere da manifestação do vulcanismo de lama em terra. Um exemplo claro de atividade vulcânica em águas pouco profundas é o vulcão de lama Golubitsky no Mar de Azov. Assim, só no século atual entrou em erupção várias vezes (Fig. 7, 8, 9, 10, imagens de vídeo da Internet).

Fig. 7. Erupção do vulcão de lama submarino Golubitsky em 2002.

Fig. 8. Erupção do vulcão de lama submarino Golubitsky em 2008. Um fotograma de uma filmagem

de vídeo.

Fig. 9. Erupções do vulcão de lama submarino Golubitsky em 2008. Um fotograma de uma filmagem de vídeo.

Fig. 10. Erupções do vulcão de lama submarino Golubitsky em 2015. Um fotograma da filmagem de vídeo.

As estruturas de subsidência do vulcão Golubitsky não foram estudadas. Os hidratos de gás metano no mar raso estão ausentes devido a razões termodinâmicas. Mas no passado geológico foram observadas situações mais interessantes. Há 4-5 milhões de anos, na chamada fase Ciméria (Plioceno), a área de atividade dos vulcões de lama na Península de Kerch coincidiu espacial e temporalmente com a época de acumulação de minério sedimentar. Os sedimentos de minério de ferro foram acumulados em muitas estruturas vulcânicas de lama de subsidência ocupadas pelo mar Cimério pouco profundo, e apareceram minérios de ferro. Em regra, as suas áreas de desenvolvimento não são grandes, mas as suas espessuras são significativas. Os sedimentos de minério de ferro foram acumulados em estruturas lama-vulcânicas, que se aprofundaram à medida que os sedimentos se acumulavam, muitas vezes acompanhados pelo aparecimento de anéis e outras perturbações. Os exemplos são bastante ilustrativos - o depósito de minério de ferro de Baksinskoye desenvolveu-se na caldeira de um vulcão de lama (Figs. 11, 12), o depósito de minério de ferro de Novoselovskoye e outros. As suas reservas são bastante significativas: 40 milhões de toneladas de minério em Baksinskoye, 150 milhões de toneladas de minério no depósito de Novoselovskoye. Na Península de Kerch existem 9 depósitos de minério de ferro e ocorrências localizadas em estruturas de subsidência diretamente nas caldeiras dos vulcões de lama ou perto delas. Os minérios neles contidos são de soja, são um tipo especial de minérios de ferro oolíticos de Kerch. São muitas vezes intercalados com brechas matriciais, ocorrendo mais frequentemente em garranchos profundos. As estruturas lama-vulcânicas eram um reservatório de minérios de ferro sedimentares com reservas totais de 400-450 milhões de toneladas (E.F. Shnyukov e P.I. Naumenko, 1971; E.F. Shnyukov et al., 1991).

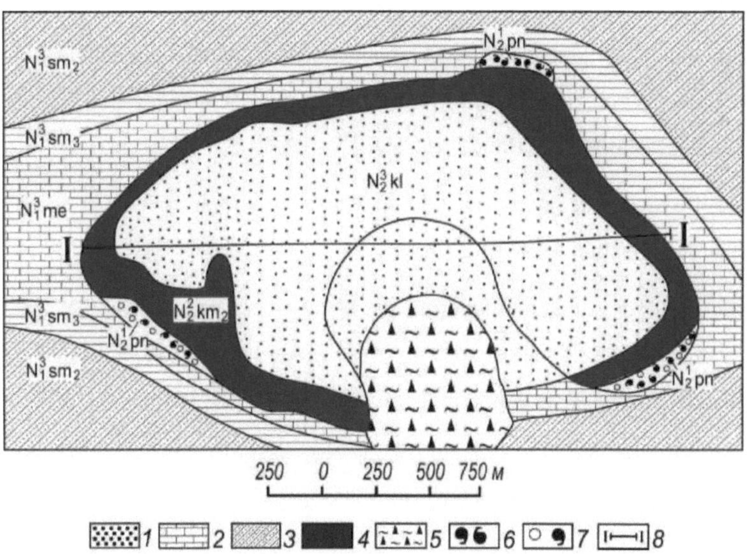

Figura 11. Esquema do campo de solo de Baksa e da indentação.

De acordo com E.F.Shnyukov, P.I.Naumenko (1964).

Notação: 1 - areias, areias argilosas; *2* - calcários, calcários dolomitizados; *3* - argilas com intercalações de margas; 4 - minério de ferro castanho; *5* - brecha sopochnaya; *6* - coquina argilosa; 7 - coquina ferruginosa; *8* - linha de perfil.

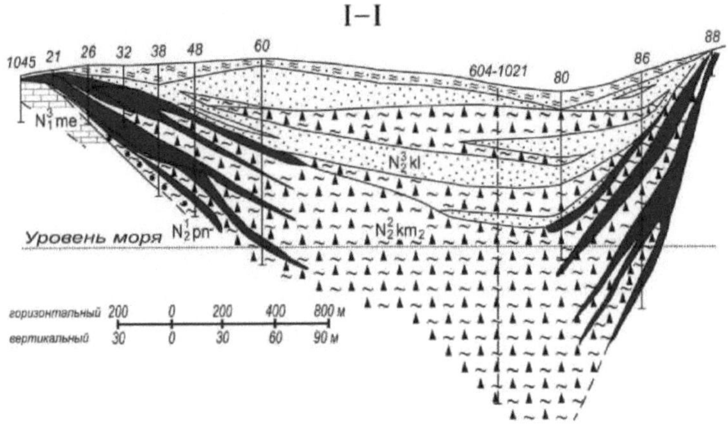

Fig. 12: Secção geológica do campo de sopochnoe de Baksinskoye e reentrâncias ao longo da linha I-I. De acordo com E.F.Shnyukov, P.I.Naumenko (1964).

Ver Fig. 11 *para a notação.*

Não é de excluir que sejam ainda possíveis novas descobertas de "reentrâncias" de minério nas zonas do antigo mar pouco profundo. Um exemplo é o sudeste do Mar de Azov, na zona do Cabo Kamenny - Banco Kazbek.

São conhecidos 170 vulcões de lama na região do Mar Negro, incluindo cerca de 100 em terra e os restantes nos mares Negro e Azov.

Foram identificados vulcões de lama modernos em águas pouco profundas no Mar de Azov e no Estreito de Kerch. A maior parte dos vulcões de lama da bacia do mar de Azov e do mar Negro está localizada no mar profundo.

No passado geológico, os vulcões de lama no mar pouco profundo eram bastante numerosos. Estes são os territórios das penínsulas de Kerch e Taman e, obviamente, parte das águas costeiras do Mar de Azov.

Vulcões de lama das profundezas do mar

O desenvolvimento de vulcões de lama nas profundezas do Mar Negro coincide espacialmente com a zona de desenvolvimento de hidratos de gás metano (Fig. 13). Devido a razões termodinâmicas, a zona **de formação** de hidratos no Mar Negro é uma área mais profunda do que 600-700 m. Na maioria (60%) dos vulcões de lama desenvolvidos a mais de 600-700 m de profundidade, foram encontrados hidratos de gás como parte da brecha sopochnaya. Durante muitas expedições de várias organizações e departamentos, os hidratos de gás metano foram repetidamente levantados por tubos de fundo. Apenas uma camada de **sedimentos** de três metros estava efetivamente disponível para estudo. Foram encontradas neoplasias de hidratos de gás em diferentes intervalos desta camada **de três metros**. A coluna das nossas estações amostradas na depressão de Sorokin é apresentada como exemplo (Fig. 14).

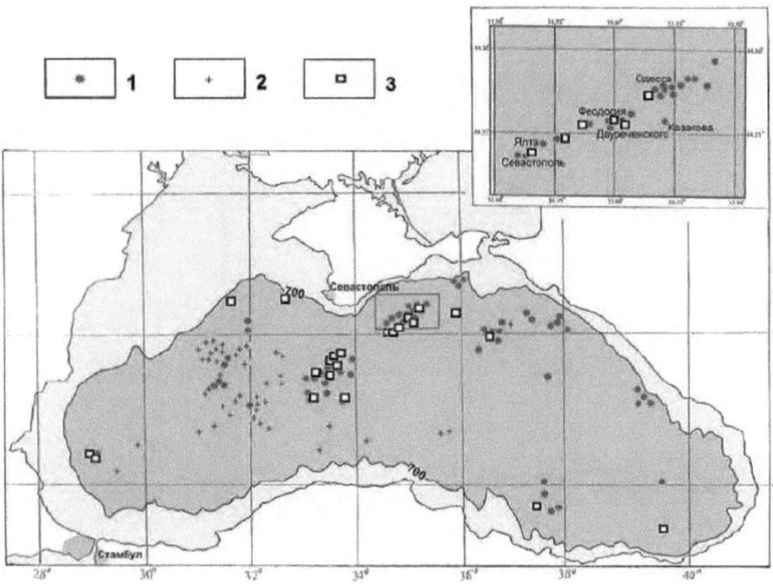

Figura 13: Descobertas de hidratos de gás no Mar Negro.

1 - vulcões de lama; 2 - vulcões de lama suspeitos; 3 - hidratos de gás **encontrados** dentro e fora dos vulcões de lama.

A aparência dos afloramentos de hidratos de gás metano é bastante diversificada. Em alguns vulcões de lama, os afloramentos de hidratos de gás foram descritos em pormenor. Assim, A.N.Stadnitskaya (2004) analisou a morfologia dos afloramentos de hidratos de gás metano da brecha sopochnaya do vulcão Odessa (depressão Sorokina). Os agregados de hidratos de gás formam frequentemente fragmentos tabulares irregulares até 4 cm de tamanho, muito provavelmente restos de veios ou intercamadas, agregados tabulares maciços até 7 cm de tamanho, uma espécie de "gotas de gelo" - agregados arredondados não superiores a 0,5 cm, que rodeiam grandes extracções de hidratos de gás, etc. (Fig. 15). (Fig. 15). Por vezes, as formações de hidratos de gás são uma espécie de aglomerados, como na coluna do vulcão Pechori (Fig. 16) (Borman et al., 2007). Na maioria das vezes, porém, os hidratos de gás estão isolados sob a forma de pequenos cristais de cor esbranquiçada nos espaços vazios da brecha sopochnaya (Fig. 17).

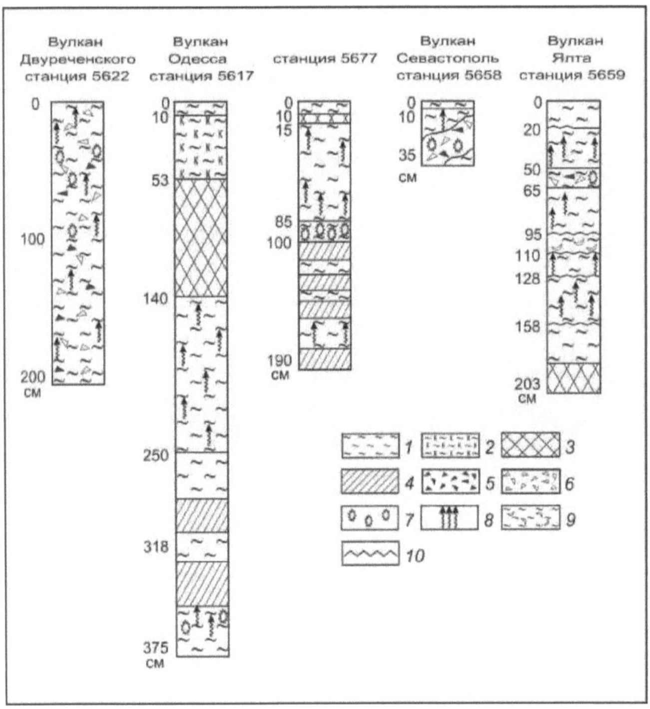

Figura 14: Colunas de estações que contêm hidratos de gás.

Notação: *1* - silte; 2 - silte coccolítico; *3* - sapropel; 4 - silte hidrotroilítico; *5* - brecha de pedra; *b* -

brecha de argila; 7 - inclusões de hidratos de gás; *8* - desgaseificação; *9* - silte *com* inclusão de fauna; *10* - contacto de erosão. (Elaborado por S.A.Kleshchenko).

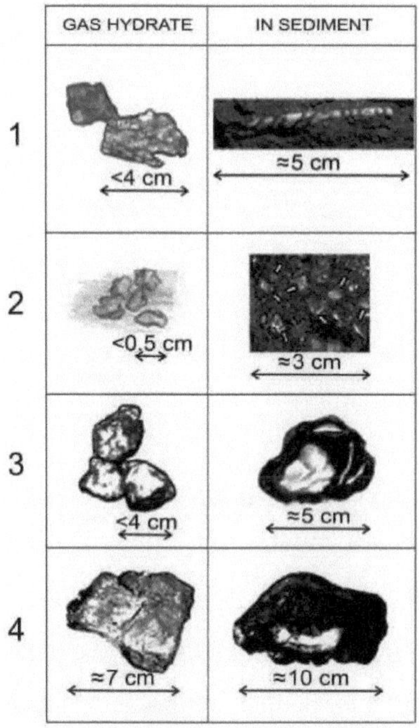

Fig. 15: Morfologia dos afloramentos de hidratos de gás na brecha sopochnaya do vulcão de lama de Odessa. De acordo com A.N. Stadnitskaya (E.F. Shnyukov et al., 2015).

Fig. 16. Carácter dos afloramentos de hidratos de gás metano na coluna de sedimentos do vulcão de lama Pechori. As zonas de cor clara do núcleo são hidratos de gás. De acordo com G.Borman et al.

(E.F.Shnyukov et al., 2015).

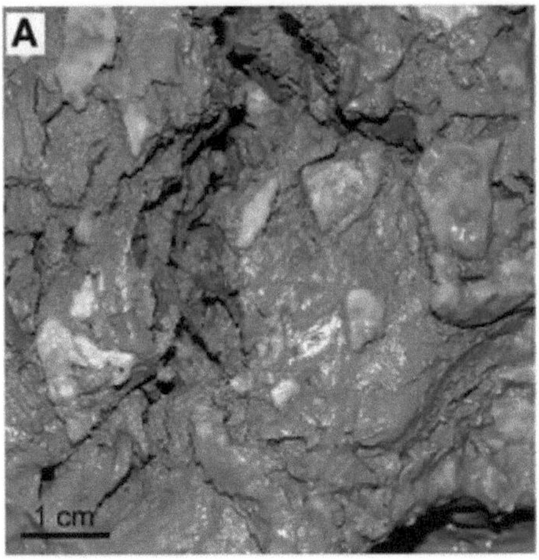

Fig. 17. Inclusões de hidratos de gás na brecha sopochnaya do vulcão de lama Vodyanitsky. Baseado nos materiais do cruzeiro R/V Meteor, 2007. (E.F.Shnyukov et al., 2015).

É interessante comparar a composição dos gases nos hidratos de gás de diferentes locais do Mar Negro. $_2$Na nossa opinião, a química dos hidratos de gás, mais precisamente a composição do gás, é muito importante, porque, em primeiro lugar, indica, em certa medida, as condições termodinâmicas de formação e, assim, restringe ou expande as áreas de potenciais zonas de desenvolvimento de hidratos de gás e a sua posição na secção sedimentar e, em segundo lugar, na presença de CO , pode, digamos, causar a ocorrência de estruturas carbonatadas acima das estruturas de escoamento. Estas últimas podem, em certa medida, constituir critérios de pesquisa para a deteção de pontos de escoamento de gás e de hidratos de gás. A composição dos gases não foi estudada em todos os casos de descobertas de hidratos de gás, mas ainda assim foi acumulada uma certa base de dados. Estes dados são contraditórios em muitos aspectos. Talvez isso indique a diversidade da composição do gás dos hidratos de gás em diferentes pontos. De acordo com a composição do gás, Yu.A.Byakov e R.P.Kruglyakova (2001) distinguem dois tipos de hidratos de gás. Nos vulcões de lama MSU, Strakhov, Bezymyannyi, referidos ao primeiro tipo, o metano nos hidratos de gás está contido na quantidade de 93,3-95,7%, os seus homólogos - na quantidade de

4,3 a 6,7%. Em outras análises dos mesmos pontos são encontrados azoto (0,7-1,8%), dióxido de carbono (0,85%), sulfureto de hidrogénio (0,25%). O segundo tipo - hidratos de gás do vulcão de lama Vassoevich - contém apenas metano.

$_2$De acordo com G.D.Ginsburg, A.N.Kremlev, M.N.Grigoriev (1990), os hidratos de gás da brecha sopochnaya de um vulcão de lama contêm 97-98% de metano, 0,02-0,4% de etano, 0,5-0,9% de CO , 0,25% de sulfureto de hidrogénio.

Como se pode ver, a composição dos hidratos de gás do Mar Negro varia em gamas bastante amplas, mas normalmente a parte predominante é o metano com uma pequena mistura de outros gases. Em vários casos, foi também estudada a composição isotópica dos gases. ^{13}Assim, de acordo com A.Yu.Byakov, R.P.Kruglyakova (2001), a composição isotópica do carbono δ C - 61,80 a - 63,55‰, indica a natureza mista (bioquímica e termocatalítica) do hidrocarboneto.

Os hidratos de gás metano ocorrem a altas pressões e baixas temperaturas. Este facto provoca o seu desenvolvimento em zonas de permafrost ou nas profundezas dos mares e oceanos.

Os verdadeiros hidratos de gás metano são gelo com gás. Um metro cúbico de gelo contém 166 metros cúbicos de gás. Quando se fala de depósitos de hidratos de gás, referimo-nos a rochas - areia, arenito, argila - saturadas com hidratos de gás metano em diferentes graus - 10%, 20%, 30%, 40-60%. A saturação varia muito. Na literatura, considera-se que as rochas saturadas com hidratos de gás até 60% criam uma cobertura impermeável, sob a qual os gases se acumulam, criando depósitos de metano sub-hidratado. Simultaneamente, pontos localizados da rocha podem apresentar veios, cristais, confluências de hidratos de gás puros, etc., como já foi referido. Com base nas colunas de tubos retiradas dos três metros superiores da rocha, só podemos supor teores relativamente baixos de hidratos de gás. Obviamente, as concentrações mais significativas estão localizadas mais profundamente. É necessário determinar quais são os intervalos de desenvolvimento de hidratos de gás, em que teores de hidratos de gás metano as fronteiras geofísicas, como por exemplo a BSR, são quebradas. É muito importante estabelecer, através de experiências, os parâmetros críticos dos depósitos de hidratos de gás nos vulcões de lama.

De acordo com V.P.Nomokonov e S.N.Stupak (1998), "a espessura esperada de um depósito de hidrato de gás na parte de águas profundas da depressão (do Mar Negro) pode atingir 400 m para o metano e 400-500 m para o gás natural a uma profundidade do mar de 2100-2200 m". É evidente que, neste caso, se trata da habitual secção de estratos sedimentares.

O.D.Korsakov, Yu.A.Byakov, S.N.Stupak (1989) escrevem que a profundidade da zona de formação de hidratos ao longo do gradiente geotérmico é em média 400500 m abaixo do fundo (máximo 800-1000 m). A formação de hidratos de gás ocorre principalmente em sedimentos do Quaternário (a sua espessura na depressão do Mar Negro é de 1-3 km). Os sedimentos neogénicos são o reservatório de hidratos de gás apenas no arco anticlinal e foram observados por estes autores na calha de Sorokina e na vertente oriental da calha de Tuapse. É necessário ter em conta as diferenças nas condições de ocorrência de hidratos de gás em depósitos nas encostas continentais e áreas de águas profundas de paleodolinas e em depósitos em torno de vulcões de lama. As nossas descobertas estão dispersas por quase todas as estruturas geológicas da região do Mar Negro: a depressão ocidental do Mar Negro, as calhas de Kerch-Taman e Sorokin, as calhas de Tuapse e Giresun e outras. A explicação desta contradição reside, obviamente, no facto de as descobertas de hidratos de gás se limitarem à brecha sopochnaya dos vulcões de lama. Trata-se de um tipo especial de afloramentos de hidratos de gás. Já em 1988, G.D. Ginzburg et al. (1988) chamaram a atenção para a identificação de um tipo especial submarino-lama-vulcânico de acumulações de hidratos de gás com base nos dados do estudo da depressão meridional do Mar Cáspio. Estas acumulações são controladas pelo campo de crateras dos vulcões de lama, são pouco profundas, porque o seu teto está localizado praticamente no fundo, podem ter uma saturação significativa de gás. Investigadores posteriores (G.D.Ginzburg et al., 1997) notaram o papel mais importante das águas vulcânicas lodosas na formação de hidratos. Os hidratos de gás precipitam-se a partir de águas filtradas saturadas de gás, formadas a partir de gás dissolvido em água.

Os vulcões de lama, tendo em conta a sua colocação profunda (P.N.Kropotkin, B.M.Valyaev, 1980; A.M.Dmitrievsky, B.M.Valyaev, 2002, 2010, 2011, etc.) são criados, muito provavelmente, devido a plumas mantélicas e alimentação profunda com gases de hidrocarbonetos, o que nas condições do mar profundo leva à criação de depósitos de hidrocarbonetos em diferentes andares.) são criados, muito provavelmente, devido a plumas mantélicas e alimentação profunda com gases de hidrocarbonetos, o que nas condições do mar profundo leva à criação de depósitos de hidrocarbonetos em diferentes andares de cobertura sedimentar (em condições termodinamicamente acessíveis) e, em particular, depósitos próximos da superfície de hidratos de gás metano. Por vezes, estes depósitos têm o carácter de depósitos em anel, como no vulcão Haakon Mosby no mar da Noruega (V.A.Soloviev, 2001) e no vulcão Dvurechensky no mar Negro (E.F.Shnyukov, A.P.Ziborov, 2004). Ao mesmo tempo, a distribuição das saídas de gás dentro e perto do vulcão de lama está longe de ser ideal e é frequentemente aleatória. A ocorrência de deflexões compensatórias nas proximidades dos vulcões provoca numerosas brechas na continuidade das rochas, através das quais se precipitam gases e água. É a perturbação das rochas dos topos dos anticlinais, nos quais se desenvolvem os vulcões de lama, que pode determinar em grande medida a distribuição dos depósitos de hidratos de gás - as secções de rocha mais saturadas de hidratos de gás.

Como já foi referido, a ocorrência de deflexões de compensação de subsidência é um padrão de desenvolvimento vulcânico de lama em ambientes marinhos.

Nas condições da bacia do Mar Negro herdada do Tétis, pode presumir-se que a maioria dos vulcões na zona marítima funcionou episodicamente durante, pelo menos, o Neogénico, até aos dias de hoje. Por outras palavras, as deflexões compensatórias devem ser preenchidas com os sedimentos do Neogénico e do Quaternário, nas épocas de acumulação em que os vulcões de lama estavam activos. É difícil assumir um padrão de atividade dramaticamente diferente, tendo em conta os efeitos observados na região de Kerch-Taman ou no atual Mar Negro na história geológica. As flutuações do nível do mar eram grandes, mas afectavam principalmente os duzentos metros superiores da coluna de água. A maior parte dos vulcões atualmente observados permaneceu submersa. As profundidades do mar variavam consideravelmente, mas a coluna de água mantinha-se. O aparecimento de desvios compensatórios em caso de atividade vulcânica era inevitável, bem como a acumulação de sedimentos nos mesmos. É muito provável que a predominância de rochas argilosas alternadas com rochas ricas em hidratos na secção sedimentar dos desvios compensatórios marinhos seja muito elevada. Os sedimentos reflectirão obviamente as particularidades da sedimentação em diferentes áreas e zonas da paleomarinha: nas zonas de águas pouco profundas - acumulação de sedimentos de granulometria mais grosseira, quimogénicos ou carbonatados, na zona de águas profundas - de sedimentos de granulometria mais fina.

É provável que as mesmas deflexões compensatórias ocorram no Mar Cáspio, onde os grandes vulcões de lama são numerosos, e em geral nas zonas do Oceano Mundial onde se encontram vulcões de lama, por exemplo, no Mar Mediterrâneo, no Atlântico perto da ilha de Trinidad e noutros locais.

As deflexões compensatórias dos vulcões de lama do mar profundo são susceptíveis de transportar uma carga útil. Os vulcões de lama emitem constantemente misturas de gás natural sob a forma de chamas algures no centro ou em zonas enfraquecidas perto dos vulcões. Os sags de compensação são exatamente essas zonas enfraquecidas. Por conseguinte, a profundidades superiores a 600-700 m, quando se criaram pressões e temperaturas favoráveis à formação de hidratos de gás, a acumulação mais forte de hidratos de gás a partir da mistura natural de gases - metano, dióxido de carbono, sulfureto de hidrogénio - ocorreu muito provavelmente nas estruturas de compensação. É provável que a concentração de hidratos de gás esteja em todo o vulcão de lama, mas é nas estruturas de compensação que se verifica a acumulação mais significativa, uma espécie de armadilhas.

Ao avaliar as potenciais acumulações de hidratos de gás, é necessário ter em conta as peculiaridades do seu desenvolvimento, estabelecidas por V.A.Soloviev (2001) - o facto de que apenas 1 a 10% dos gases que entram na zona de formação de hidratos são estabilizados em hidratos de gás;

- desenvolvimento discreto de hidratos de gás, em vez da existência das suas coberturas contínuas;

- ausência de pontos de venda generalizados e a sua presença apenas em alguns pontos;

- o facto de os hidratos de gás ocuparem apenas 10% da área total da zona de formação de hidratos;

- os depósitos de hidratos são criados pelo fluxo de água saturada de gás em fuga e não apenas pelo fluxo de gases.

A este respeito, a conclusão de A.I.Konyukhov, M.K.Ivanov e L.M.Kulnitsky (1990) sobre os resultados do estudo do vulcão de lama da Universidade de Moscovo não é desinteressante:

"No topo do vulcão da Universidade de Moscovo, foram realizadas buscas de hidratos de gás em 1988, imediatamente após a sua descoberta, não só por funcionários da MSU, mas também por um dos grupos geológicos marinhos da associação Yuzhmorgeologiya. Todas elas se revelaram infrutíferas, apesar do facto de terem sido levantadas e vistas dezenas de colunas. Aparentemente, os hidratos de gás aqui estão confinados a zonas estreitas onde a brecha sopochnaya real vem à superfície, ou seja, onde o vulcanismo de lama ativo continua. E como este processo é estreitamente localizado, a zona de desenvolvimento de hidratos de gás é muito limitada em área e está provavelmente relacionada com a atividade de alguma cratera periférica na parte ocidental do cume do vulcão e não com a central".

Deve assumir-se que uma zona tão estreita de desenvolvimento de hidratos de gás metano é a zona de deflexão compensatória, à qual o desenvolvimento de hidratos de gás está confinado. A espessura dos sedimentos na depressão de Novoselovskaya na Península de Kerch atinge 211 metros. Pode presumir-se que existem depósitos de hidratos de gás argilosos de espessura não inferior nas depressões de compensação perto de grandes vulcões de lama do Mar Negro. Perto dos vulcões de lama na secção de sedimentos modernos do Mar Negro, a espessura dos sedimentos de hidrotroilite aumenta drasticamente, o que indica um aumento da ingestão de sulfureto de hidrogénio a partir da subsuperfície. Daí a probabilidade de ocorrência de hidratos de gás de sulfureto de hidrogénio. No entanto, apenas os hidratos de metano são mais prováveis. [22]Ao mesmo tempo, não podemos excluir que as partículas de argila se colem às bolhas de gás e que os hidratos de CO e H S, ainda mais leves, se depositem no fundo.

Um estudo detalhado de alguns perfis acústicos do leito do Mar Negro permite fixar pequenas deflexões-grabens nas secções de muitos vulcões de lama. Uma revisão das publicações permite-nos encontrar tais deflexões compensatórias ou mesmo grabens, por exemplo, nos materiais sobre o Mar Negro e outros autores. As depressões de compensação são uma espécie de armadilhas para os hidratos de gás.

O desenvolvimento de fenómenos de subsidência pode ser observado em muitos vulcões. Assim, foi registada uma deflexão de subsidência num dos vulcões do Mar Negro. Foi registada por V.A.Gorchilin e L.M.Lebedev (1991) (Fig. 18). Uma deflexão deste tipo foi descrita por A.N.Gonchar et al. (2004) no vulcão de lama Tredmar (Fig. 19). N.Kenyon, M.K.Ivanov, A.I.Akhmetzhanov et al. (E.F. Shnyukov et al., 2015) mostram uma estrutura de subsidência, perto do vulcão NIOZ (Fig. 20). Um fenómeno semelhante foi observado no vulcão Neftyanoy (Fig. 21), etc.

De particular interesse é uma grande estrutura anelar na parte central da bacia ocidental do Mar Negro, identificada durante as viagens do R/V "Kiev" e do "Professor Vodyanitsky". A sua caraterização em termos gerais é apresentada nas Figuras 22-23. Como se pode ver, a estrutura do anel foi atravessada várias vezes por transectos de diferentes direcções e é atualmente desenhada como uma bacia aproximadamente oval enquadrada por saliências escalonadas até 30-70 m de altura na secção. O relevo da parte central deprimida da bacia é complicado por uma série de colinas pequenas e baixas (até 5-10). O diâmetro da bacia atinge 6,5 milhas (cerca de 12 km) ao longo do alongamento da oval.

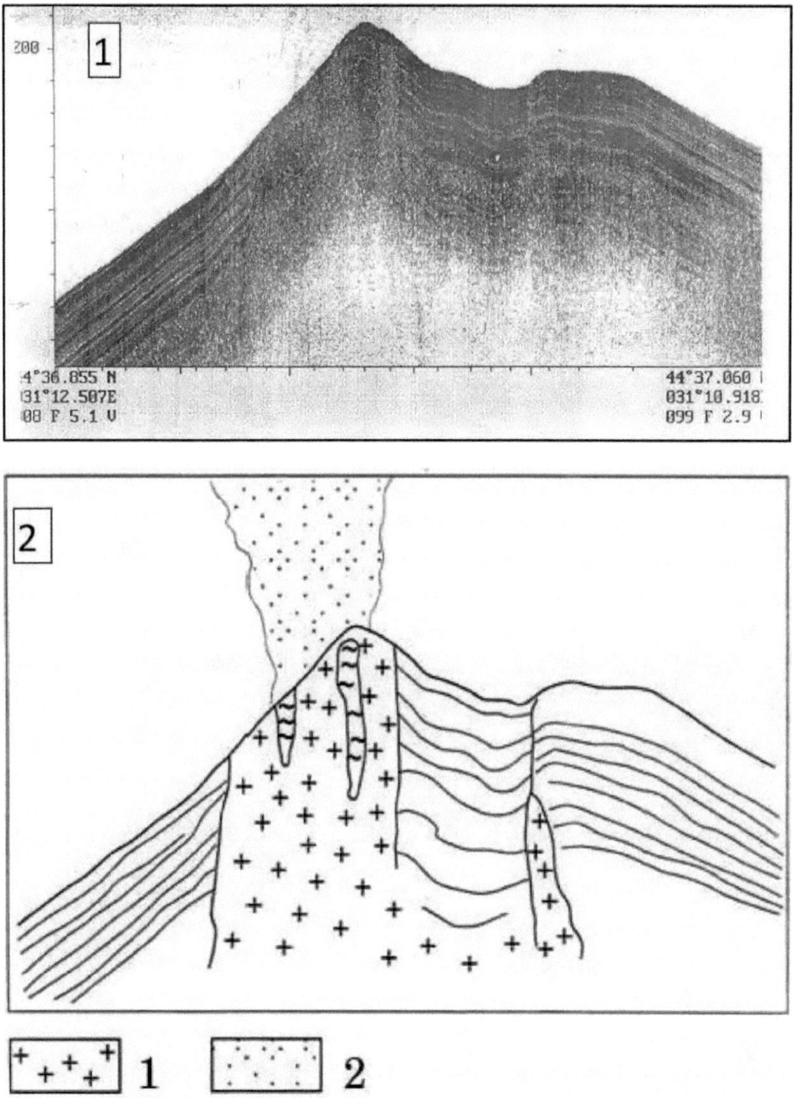

Figura 18: Perfil acústico através de um dos vulcões de lama do Mar Negro.

1 - perfil; 2 - interpretação do perfil

Notação: 1 - brecha sopochnaya; 2 - saídas de gás.

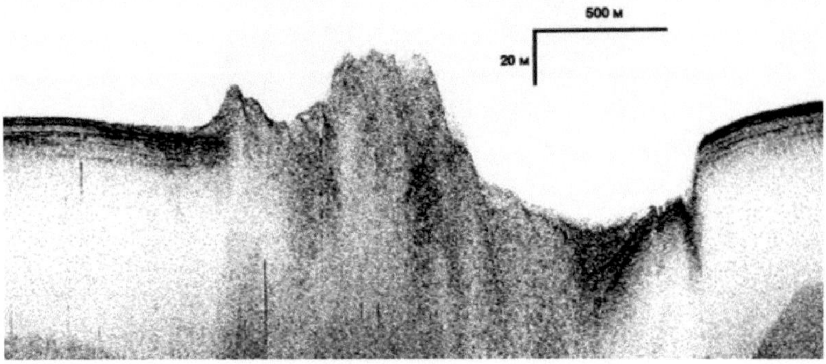

Fig. 19: Profilograma do vulcão Tredmar. De acordo com E.F. Shnyukov **et** al., 2015.

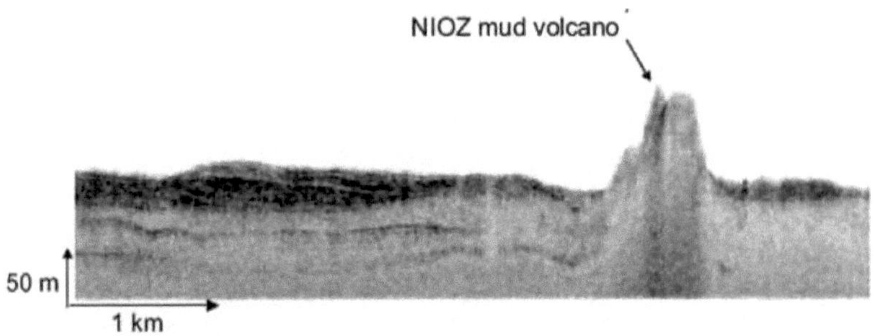

Fig. 20. Fragmento do perfil de fundo através do vulcão de lama **NIOZ**. Por E.F. Shnyukov et al., 2015.

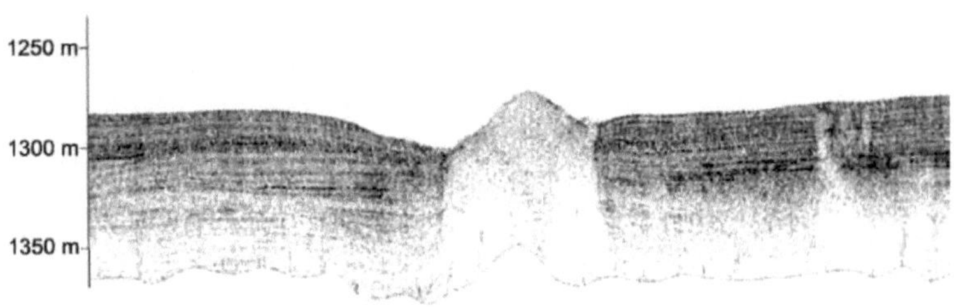

Fig. 21. Vulcão de lama Neftyanoy. Sonograma e secção **acústica**. De acordo com E.F. Shnyukov et al., 2015.

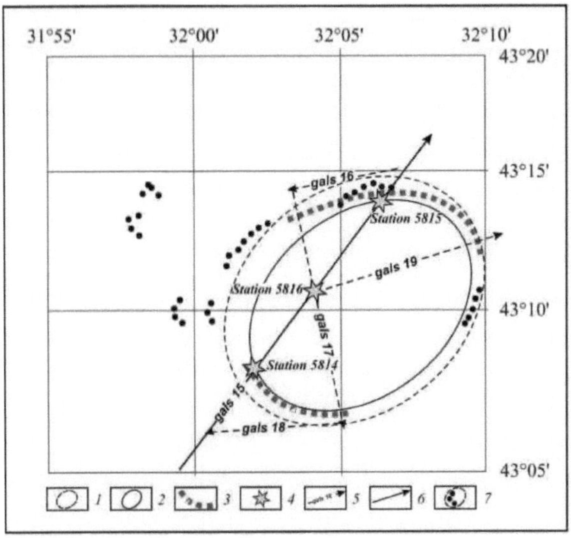

Fig. 22. Esquema dos transectos dos navios de investigação através da Estrutura em Anel. E.F. Shnyukov et al. 2015.

Notação: 1 - limites exteriores da morfoestrutura; *2* - limites das saliências internas; *3* - limites da morfoestrutura, estabelecidos; 4 - estações de amostragem; *5* - rotas de amostragem e números de viragem; 6 - linha do perfil de amostragem hidroacústica do GAK "Buk" na viagem do R/V "Kiev"; 7 - saliências identificadas durante a 69ª viagem do R/V "Professor Vodyanitsky".

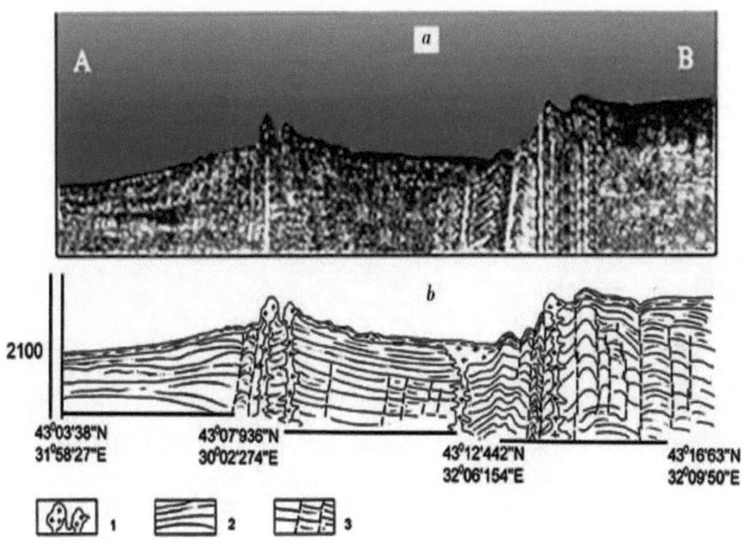

Fig. 23. Perfil acústico e interpretação do perfil através da estrutura em anel na Bacia Ocidental do Mar Negro. E.F. Shnyukov et al. 2015.

Vários tubos de fundo, que permitiram retirar colunas de sedimentos de fundo até 4 m de comprimento na bacia, revelaram uma secção invulgar, em particular três ciclos de acumulação de siltes hidrolíticos (0,97-1,45 m, 1,55-2,10 m, 2,22-3,0 m) sobrepostos por sapropéis e siltes sapropélicos (0,28-0,7 m) e siltes coccolíticos de cima (Fig. 24). Não foram encontradas brechas sapropélicas típicas. Secções semelhantes com espessuras aumentadas de siltes hidrotroilíticos foram encontradas anteriormente em alguns grandes vulcões de lama.

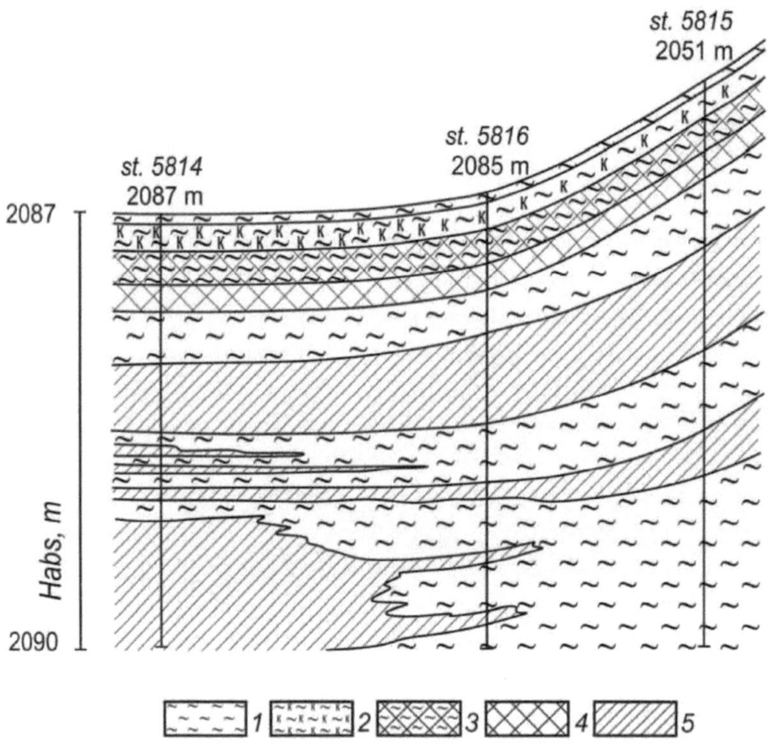

Fig. 24. Secção litológica através da morfoestrutura. E.F. Shnyukov et al. 2015.

Notação: 1 - silte; 2 - silte coccolítico; *3* - silte sapropélico; 4 - sapropel; *5* - silte hidrotroilítico.

São possíveis diferentes explicações para a natureza da estrutura anelar. De acordo com uma série de indícios indirectos, é possível assumir a origem vulcânica lamosa da morfoestrutura identificada. Isto é evidenciado pelo relevo, pela estratificação específica e pela deslocação dos sedimentos observados na secção obtida pelo complexo hidroacústico "Buk" no R/V Kiev, por algumas caraterísticas litológicas, pela elevada saturação gasosa dos sedimentos. A desgaseificação intensiva dos sedimentos elevados indica que o fundo da bacia é um chamado "pântano de gás", que é típico dos campos vulcânicos de lama e das lamas saturadas de gás do Mar Negro.

Uma possível interpretação geológica do perfil acústico, sugere a presença de vários vulcões de lama no topo de uma grande estrutura positiva muito suave.

A morfoestrutura identificada assemelha-se, nas suas caraterísticas geomorfológicas e estruturais, ao centro vulcânico de lamas de Bulganak, na península de Kerch. As muralhas e escarpas marginais que delimitam as duas bacias e o relevo pouco acentuado da bacia criada pelos vulcões de lama são claramente comparáveis. É muito provável que a bacia se tenha formado em resultado de processos vulcânicos de lama poderosos e de longa duração. Isto explica provavelmente o carácter flácido da parte central da bacia arredondada, que é comparável a uma enorme estrutura de subsidência (sinclinal deprimido).

A julgar pela presença de vários montes cónicos no fundo, perto da bacia, trata-se de uma zona totalmente nova de vulcões de lama.

Tendo em conta a ligação já mencionada dos hidratos de gás com a atividade dos vulcões de lama, a presença de uma libertação constante de gás na bacia, podemos assumir a existência de um extenso depósito de hidratos de gás na morfoestrutura estudada.

O maior interesse quando se trabalha no Mar Negro não é, muito provavelmente, a atividade dos vulcões de lama modernos, mas sim a de centros bastante antigos, que funcionaram, digamos, durante o Neogénio e até aos dias de hoje. Neste caso, as falsas estruturas de compensação tectónica podem atingir dimensões significativas e acumular sedimentos contendo hidratos de gás de espessura considerável.

No entanto, uma vez que os afloramentos de gás em torno dos vulcões de lama não se localizam necessariamente apenas nas calhas - sinclinais compensatórias, mas desenvolvem-se frequentemente numa área maior, a formação de hidratos de gás também não se limitará a estas calhas. Nas depressões compensatórias é provável que existam simplesmente acumulações mais poderosas e possivelmente mais antigas de hidratos de gás.

No entanto, os hidratos de gás reagem claramente às mudanças no regime de temperatura do mar e, muito provavelmente, podem não ser preservados nas secções de sedimentos do Neogénico. Esta questão está sujeita a um estudo mais aprofundado.

Assim, o estudo do vulcanismo de lama na região do Mar Negro sugere:

- que os vulcões de lama são um sinal de pesquisa de hidratos de gás, tal como é demonstrado em muitas publicações;

- Nos vulcões de lama, nas condições das profundezas do Mar Negro, formam-se depósitos de hidratos de gás metano de tipo especial;

- seguindo G.D. Ginzburg et al. (1992), pode presumir-se que os depósitos de hidratos de gás lama-vulcânicos se desenvolvem em muitas outras áreas do Oceano Mundial;

- muito provavelmente, por analogia com os vulcões de lama terrestres, pode assumir-se a idade Maikop dos vulcões de lama do Mar Negro;

É provável que perto dos vulcões de lama do Mar Negro existam falsas depressões tectónicas compensatórias semelhantes às "sinclinais deprimidas" de Kerch;

- é possível supor a localização, nestas falsas bolsas tectónicas, de depósitos de hidratos de gás de maior espessura do que em torno dos vulcões de lama;

- A grande morfoestrutura em anel no centro da depressão ocidental do Mar Negro, onde se acredita existirem depósitos de hidratos de gás, é provavelmente atribuída a estruturas de subsidência;

- é provável o desenvolvimento de sinclinais de subsidência semelhantes em muitos vulcões de lama activos e noutras áreas do Oceano Mundial.

Conclusão

Os vulcões de lama do Mar Negro são formações profundas, de acordo com dados geofísicos modernos e estudos de mineralização fluidogénica da brecha pilar. A atividade dos vulcões de lama do Mar Negro, à semelhança dos dados sobre os vulcões de lama do Azerbaijão, Kerch-Taman e outras regiões, é acompanhada pela libertação de enormes massas de gases de seiva, brechas de seiva e material clástico, o que cria uma espécie de défice de massa no interior do vulcão e conduz a fenómenos de subsidência sob a forma de gradientes. Em condições terrestres, os processos de erosão parecem mascarar e reduzir a escala dos fenómenos de subsidência, mas em condições marinhas estes grabens são preenchidos com sedimentos marinhos, criando uma pressão adicional para a sua subsidência. Surge assim uma espécie de falsos sinclinais compensatórios.

Os vulcões de lama que funcionaram no Neogénico na Península de Kerch acumularam espessuras significativas de sedimentos do Neogénico nestes falsos sinclinais. A coincidência dos territórios de atividade vulcânica e de sedimentação de minério de ferro na época ciméria (Plioceno) levou à acumulação de minérios de ferro oolíticos. Na Península de Kerch foram identificados nove depósitos e ocorrências deste tipo, incluindo Novoselovskoye (150 milhões de toneladas de minério), Baksinskoye (40 milhões de toneladas de minério) e outros. As estruturas vulcânicas lodosas foram o recetáculo de minérios de ferro sedimentares com reservas totais estimadas em 400-450 milhões de toneladas. Estes fenómenos são caraterísticos do mar Cimério pouco profundo. No atual Mar Negro, a maioria dos vulcões está confinada à parte de águas profundas do mar. Os vulcões de lama situados a profundidades superiores a 600 m estão localizados numa zona termodinamicamente favorável à formação de hidratos de metano. Em 60% dos vulcões, os cristais e as acumulações de hidratos de gás encontram-se na camada superior, como parte da brecha sopochnaya. Os vulcões de lama são, de facto, um critério de pesquisa para a formação de depósitos de hidratos de gás metano. Os principais depósitos de hidratos de gás no Mar Negro localizam-se nas encostas continentais, em paleodaltas de águas profundas.

Os vulcões de lama têm o seu próprio tipo de depósitos de hidratos de gás confinados às aberturas vulcânicas; foram registados pela primeira vez por G.D.Ginzburg et al. (1992) no Mar Cáspio.

No vulcão norueguês Haakon Mosby, o depósito de hidratos de gás forma um "bagel" gigante. Podemos esperar formas anulares de depósitos também nos vulcões do Mar Negro. Neste caso, é provável que a acumulação mais significativa de hidratos de gás ocorra em garranchos de subsidência devido a muitas perturbações nas rochas. Trata-se provavelmente de uma espécie de armadilha de hidratos de gás, onde camadas de hidratos de gás (sedimentos saturados de hidratos de gás ou brechas de seiva) alternam com camadas sem minério. É provável que tais fenómenos ocorram não só no Mar Negro, mas também em muitas outras áreas de desenvolvimento de vulcões de lama nos oceanos do mundo.

Lista de referências

1. *Aedusin P.P.* Mud volcanoes of the Crimean-Caucasian geological province. - M.: Casa Publicadora da Academia de Ciências da URSS, 1948. - 192 c.

2. *Aliee Ad.A., Guliee IS, Dsikpiea* F.G *e dp.* Atlas dos vulcões de lama do mundo. - Baku: Nafta Press, 2015. - 323 c.

3. *Alyae* S.E. Novos dados sobre a tectónica da Península de Kerch // Izv. da Academia de Ciências da URSS. Ser. geol. - 1947. - № 6. - C. 97-99.

4. *EoHdapuyK V. G.* Geologia da Ucrânia. - K.: Vidvo AN URSR, 1959. - 830 c.

5. *Byakoye Yu.A., Kruglyakoya R.P.* Hidratos de gás dos estratos sedimentares do Mar Negro - matérias-primas de hidrocarbonetos do futuro // Exploração e proteção do subsolo. - 2001. - № 8. - C. 14-19.

6. *Gaeriloe Y.V.* Princípio da isostasia na formação de vulcões de lama. - Baku: Az. FAN. - 1939.

7. Dicionário *Geológico*: Em 2 vol. - M.: Nedra, 1973. - 456 c.

8. *Avaliação geológica das* rotas das linhas de comunicação Sevastopol-Evpatoria, Sevastopol-Kerch, Sevastopol-Poti. - Kiev 2003. - 178 c.

9. *Geology of the* Sevastopol-O.Zmeiny-Zatoka fibre-optic communication route zone. - Kiev, 2004. - 142 c.

10. *Ginzburg G. D., Gramberg* I. S., *Guliee* I. S. *e dp.* Tipo submarino-lama-vulcânico de acumulações de hidratos de gás // DAN USSR. - 1988. - T. 300,№2.-C. 416-418.

11. *Ginzburg G.D., Huseynoye R.A., Dadashee A.A. e dp.* Hidratos de gás do Sul do Mar Cáspio / Izv. RAS. - Ser. geol. 1992. - № 7. - C. 5-20.

12. *Ginzburg G.D., Kremleye A.N., Grigor'ee M.N. e dp.* Hidratos de gás filtrogénicos no Mar Negro // Geologia e Geofísica. - 1990. - №3. - C. 10-20.

13. *Goloyekinsky N.A.* Relatório do hidrogeólogo do Tavricheskaya zemstvo para 1889. - Simferopol, 1890 - 54 p.

14. *Gorchilin V.A., Lebedee L.I.* Sobre os sinais de hidratos de gás nos estratos sedimentares do Mar Negro e um possível tipo de armadilhas de hidrocarbonetos // Geol.zhurn. -1991.-No.5.-S.7 5-81.

15. *Gubkin I.M.* Oil in the USSR // Energy Resources of the USSR. -M.; L.: Casa Publicadora da Academia de Ciências da URSS, 1937.-T. 1.-C. 169-194.

16. *Dmitrievskiy A.N., Valyaev* B.M. Fluidogeodynamic and genetic aspects of hydrate-bearing section of the sediments of the bottom of the World Ocean // Geodinâmica e estruturas portadoras de petróleo e gás da região do Mar Negro-Cáspio.-2002.-P. 58-59.

17. *Dmitrievskiy* A.N. Formation of energy-active and fluid-saturated zones of the Earth / Desgaseificação da Terra: geotectónica, geodinâmica, geofluidos, petróleo e gás, hidrocarbonetos e vida. - M.: Geos, 2010. - C. 5-6.

18. *Ivanov* M.K., *Konyukhov A.I., Kulchitsky* L.M. *et al.* Vulcões de lama na parte de águas profundas do Mar Negro // Vesn. Mosk. un-ta. Ser. geol. 1989. -№ 3. -C.48-54.

19. *Ismagilov A.*F., *Kozlov V.N., Terekhov A.A., Khortov A.V.* Clay diapirism and mud volcanism in the formation of local structures in the Russian part of the Black Sea // Geologia, geofísica e desenvolvimento de depósitos de petróleo e gás. - 2006. - 2. - C. 4-10.

20. *Kalinko* M.K. Basic regularities of oil and gas distribution in the Earth's crust. - M.: Nedra, 1964. - 207 c.

21. *Kovalevskiy S.A.* Vulcanismo de gás (vulcões e vulcanoides) // Azerb. neft. khoz vo. -№ 1. - 1935. -40 c.

22. *Konyukhov A.M., Ivanov M.K., Kulnitsky A.M.* About mud volcanoes and gas hydrates in the deep-water areas of the Black Sea // Lithology and Mineral Resources. - 1990. - №3. - C. 12-23.

23. *Korsakov O.D., Byakov Yu.A., Stupak* S.N. Hidratos de gás da depressão do Mar Negro // Sov. geologiya. - 1989. -№ 12. - C. 4-10.

24. *Kropotkin P.N., Valyaev* B.M. Geodinâmica da atividade vulcânica da lama (em ligação com a não-tegaziferidade) // Bases geológicas e geoquímicas da prospeção de petróleo e gás. - K.: Nauk. dumka, 1980. - C. 148-178.

25. *Lychagin G.A.* Vulcões de lama fósseis da Península de Kerch // BMOIP. - Geol. 1952. - 27. - Vyp. 4. - C. 3-13.

26. *Maimin* Z.L. Tertiary sediments of the Crimea (Sedimentos terciários da Crimeia). - M.-L.: Gostoptekhizdat, 1951.-230 p.

27. *Meisner* L.B., *Tugolesov D.A.* Deformações fluidogénicas no preenchimento sedimentar da depressão do Mar Negro // Exploração e proteção do subsolo. - 1997. - № 7. - C. 18-21.

28. *Naumenko* P./7. Atividade moderna do vulcanismo de lama da Península de Kerch // Materiais sobre mineralogia, petrografia e geoquímica de rochas sedimentares e minérios. - K.: Nauk. dumka, 1976. - Vol. 4. - C. 115-135.

29. *Nomokomov* S.//. *Stupak* S.N. Sinais de depósitos de hidratos de gás no Mar Negro // Izv. of universities. - Geol. e Exploração. - 1998. -№ 3. - C. 72-78.

30. *Plotnikov A. M.* Perdas de hidrocarbonetos nos vulcões de lama da Península de Kerch // Geologia e teor de petróleo e gás da depressão do Mar Negro. - K.: Naukova Dumka, 1967. - C. 72-81.

31. *Prokopov K.A.* Esboço geotectónico da Península de Kerch e sua relação com a Crimeia e Taman // Tr. Gl. geol.-exploration. administration. - 1931. - Edição. 38. -C. 13-23.

32. *Rakhmanov* R.R. Mud volcanoes and their significance in forecasting of gas and oil bearing capacity of the subsoil. - Moscovo: Nedra, 1987. - 174 c.

33. *Solov'ev V.A.* Gas-hydrate bearing capacity of the World Ocean subsoil // Gas Industry. - 2001. - № 12. - C. 19-23.

34. *Stadnitskaya A.N., Belenkaya I.Yu.* Composição e origem dos gases de hidrocarbonetos e sua influência nas formações diagenéticas de carbonato (Sorokina

Trough, parte NE do Mar Negro) // Geologia dos Mares Negro e Azov. - K.: Gnosis, 2000. - C. 155-163.

35. *Fedorov S.F.* Mud volcanoes of the Crimean-Caucasian geological province and diapirism / Results of the study of mud volcanoes of the Crimean-Caucasian geological province. - M.-L.: Izd-voor AS USSR, 1939.-C. 5-44.

36. *Kholodov* V.N. Vulcões de lama: regularidades de localização e génese. Mensagem 1. Províncias vulcânicas de lama e morfologia dos vulcões de lama // Lithology and Mineral Resources. - 2002. - № 3. - C. 227-241. Mensagem 2. Caraterísticas geológicas e geoquímicas e modelo de formação // Litologia e Recursos Minerais. - 2002. - № 4. - C. 339-358.

37. *Shnyukov* E.F., *Ziborov A.P.* Mineral Riches of the Black Sea. - K.: "Karbon-Ltd", 2004. - 280 c.

38. *Shnyukov* E.F., *Kobolev V.P., Pasynkov A.A.* Gas volcanism of the Black Sea. - K.: Logos, 2013. - 384 c.

39. *Shnyukov E.F., Naumenko P.I.* Cimmerian iron ores of depressed synclines of the Kerch Peninsula - Simferopol: Krymizdat, 1964 - 126 pp.

40. *Shnyukov E.F., Naumenko P.I., Lebedev Y.S. et al.* Mud volcanism and ore formation. - K.: Nauk. dumka, 1971. - 332 c.

41. *Shnyukov E.F., Stupina L.V., Rybak* E.N. *et al.* Mud volcanoes of the Black Sea. Catálogo. - K.: Logos, 2015. - 254 c.

42. *Shnyukov E.F., Sobolevsky Y.V., Gnatenko G.I. et al.* Vulcões de lama da região de Kerch-Taman. Atlas. - K.: Nauk. dumka, 1986. - 148 c.

43. *Shnyukov E.F., Sheremetev V.M., Maslakov N.A. et al.* Mud volcanoes of the Kerch-Taman region (Vulcões de lama da região de Kerch-Taman). - Krasnodar: Glavmedia, 2005. - 176 c.

44. *Shteber E.A.* Mud volcano Karabetova Gora near Taman // Izv. of the Caucasian branch of the Russian Geographical Society. - 1909/1910. - T. 20.

45. *Yakubov A.A., Grigoryants B.V., Aliev A.D. et al.* Mud volcanism of the Soviet Union and its connection with oil and gas content. - Baku: ELM, 1980. -165 c.

46. ΔW7/7∏α/7/7 *G.,* A⅛αraw *E., /C/r A. g/ al.* Origin and distribution of methane and methane hydrates in the Black Sea. - Cruzeiro nº 84, etapa 2. - Istambul. - 2011. - 59 p.

47. */.7/<⅛7α/7 T.,* Ifawg *H.K.,* Ka/7m////'/7g *P.* g/ al., 2004. Fluxo de calor e quantidade de metano deduzido de um campo de gás nas proximidades do Dnepr Canyon, noroeste do Mar Negro // Geo-Mar. Lett. - 2004. - 24. - P. 182-193.

48. Poj9β5cw I., Zer/colα/5 G., Paw/w *N.* g / al. Avulsões de canal do Quaternário tardio no leque de mar profundo do Danúbio. Mar Negro // Mar. Geol. - 179 (12). - 2001. - P. 25-37.

Evgeny Fedorovich Shnyukov

Vulcões de lama do Mar Negro como sinal de pesquisa de hidratos de gás metano

Neste artigo, são discutidos os conceitos modernos de vulcões de lama e as estruturas de subsidência que os acompanham. Em condições de mar raso no passado geológico, os minérios de ferro foram acumulados em estruturas vulcânicas de lama; nas condições do moderno Mar Negro na sua parte de águas profundas, os hidratos de gás metano podem acumular-se em vulcões de lama, e especialmente ativamente nas estruturas de subsidência que os acompanham. Trata-se de um tipo especial de acumulação de hidratos de gás.

A obra destina-se a um vasto leque de especialistas interessados no problema dos hidratos de gás metano.

Palavras-chave: vulcões de lama, emissões de gases, estruturas de subsidência, hidratos de gás

MIX
Papier aus verantwortungsvollen Quellen
Paper from responsible sources
FSC® C105338

Printed by Books on Demand GmbH, Norderstedt / Germany